NOUVEL ART D'ÉLEVER
DE MULTIPLIER ET D'ENGRAISSER
LES POULES
LES
POULETS ET LES CHAPONS
SOIT DANS PARIS, SOIT A LA CAMPAGNE

CONTENANT :

LA MANIÈRE DE LES NOURRIR, DE LES GUÉRIR DE LEURS MALADIES, DE LES FAIRE PONDRE, DE LES FAIRE COUVER, SOINS A DONNER AUX COUVEUSES, LA MANIÈRE DE LES ENGRAISSER, LES QUALITÉS QUE L'ON DOIT RECHERCHER DANS LA POULE ET LE COQ, LA MANIÈRE DE CONSTRUIRE LES POULAILLERS ET LES CAGES, MOYEN DE CONSERVER LES ŒUFS ET LES PLUMES, CONSTRUCTION DES NIDS DES POULES COUVEUSES, ÉDUCATION DES JEUNES POUSSINS, AVANTAGES DE CETTE INDUSTRIE, ETC.

MOYEN DE SE FAIRE UN REVENU ANNUEL ET RÉEL DE 2,000 A 2,500 FR.

INDUSTRIE A LA PORTÉE DU PLUS PAUVRE COMME DU PLUS RICHE

PAR FRANÇOIS ROUTILLET
Fermier près du Mans

CINQUIÈME ÉDITION, REVUE ET CORRIGÉE

Prix : 50 centimes

PARIS
LIBRAIRIE RURALE DE TISSOT
20, RUE SUGER (SAINT-ANDRÉ-DES-ARTS)

1870

TABLE DES MATIÈRES

MALADIES DES POULES.

AVANTAGES DE CETTE INDUSTRIE.

PARIS. — IMP. SIMON RAÇON ET COMP., RUE D'ERFURTH, 1.

NOUVEL ART

D'ÉLEVER

LES POULES

AVANT-PROPOS

Cette nouvelle édition de l'art d'élever les poules, que je livre au public, a été corrigée et augmentée d'après l'étude approfondie de l'éducation de ces oiseaux domestiques. Je me suis livré à cette industrie pendant plus de trente ans, elle m'a procuré de beaux bénéfices ; je me suis fait des revenus passables, et aujourd'hui que je puis jouir en repos du fruit de mes travaux, je crois utile de faire connaître au public les procédés que j'ai employés et le résultat de mon expérience. Mon système d'ailleurs est si simple qu'il ne peut manquer de saisir immédiatement par sa vérité tout homme pensant et réfléchi qui lira ce travail.

L'éducation des oiseaux de basse-cour est une industrie lucrative et qui demande peu de frais, quand on sait proportionner le nombre et l'espèce des volailles qu'on élève à l'étendue de l'exploitation, à la nature du sol et des produits qu'on récolte, et surtout à la facilité qu'on a de s'en défaire avantageusement.

En considérant le prix excessif de la viande dans les grandes villes, et principalement dans Paris, et la cherté des objets de première nécessité, j'ai souvent médité sur les avantages immenses qu'offrirait aux habitants de la capitale la possibilité de se créer à peu de frais, et dans leur propre habitation, une partie des ressources dont jouissent les gens qui sont à la campagne.

Cette branche d'industrie fort simple et à la portée de tout le monde, qui n'était cependant, il y a quelques années, exploitée que par un petit nombre de personnes, a pris un grand développement, et le marché de la volaille de Paris, qui faisait une recette de 6 à 7 millions ces années dernières, a perçu, en 1849 et 1850, 10 millions chaque année. Cet ouvrage n'a pas peu contribué à cet accroissement. J'essayerai donc de faire ressortir les avantages qui pourraient en résulter, et pour celui qui opérerait sur une petite échelle, et pour le spéculateur qui voudrait travailler en grand et s'en faire un moyen de fortune.

Je suppose que l'on veuille commencer l'opération sur une petite échelle ; il suffira d'avoir un petit emplacement et d'établir des cages dont je donne la description plus loin. Dans le cas où l'on voudrait exploiter en grand, il faut construire une basse-cour et un poulailler, que l'on disposera ainsi que je vais l'indiquer.

De la basse-cour.

On peut, comme dans beaucoup de fermes, laisser les volailles vaguer en liberté au milieu des bestiaux, afin qu'elles puissent recueillir dans les fumiers et dans les litières les grains échappés des mangeoires ou rendus dans les excréments. Ce mode a un double avantage : les poules se nourrissent presque sans frais, et elles débarrassent les fumiers d'une foule de grains qui plus tard germeraient dans les terres au détriment de la culture. Cependant, lorsqu'on se livre à cette branche d'industrie d'une manière toute spéciale, il vaut mieux avoir un local particulier, appelé *basse-cour*. On y plante des arbres, des mûriers, des sureaux, par exemple, qui fournissent de l'ombrage, un refuge pour la nui aux poules qui préfèrent s'y jucher pendant l'été plutôt que de rentrer dans leur poulailler. La basse-cour doit présenter : 1° un carreau de gazon, pour que les poules y puissent paître et prendre leurs ébats; 2° un amas de sable ou de cendre, parce qu'en été surtout les poules aiment à s'y rouler pour se débarrasser de la vermine qui les ronge; 3° au niveau du sol, établissez des baquets couverts, dans lesquels vous entretiendrez une eau pure que vous aurez soin de renouveler chaque jour en hiver, et deux fois par jour en été; pratiquez dans le couvercle de petites ouvertures par où la poule passe la tête pour s'abreuver; 4° enfin, construisez un poulailler dont vous trouverez la description ci-après.

Du poulailler.

La position et la construction des poulaillers ne sont pas des choses indifférentes : autant que possible, il faut les placer dans un endroit sec et exposé à l'est ou au sud-est, afin qu'ils reçoivent les rayons du soleil aussitôt qu'il paraît à l'horizon. Ils doivent être élevés d'un pied au-dessus du sol; les murailles doivent être bien crépies; la porte doit fermer hermétiquement, et la petite fenêtre du haut doit être bien grillée, afin que les belettes, les fouines, les chats et les rats ne puissent y trouver passage. Il faut disposer vis-à-vis l'une de l'autre des ouvertures fermées de volets, de manière qu'en été il s'établisse un courant d'air qui assainisse et rafraîchisse le poulailler, et qu'en hiver il suffise de tenir les volets fermés pour y maintenir une douce température. La porte doit présenter à son milieu une petite ouverture par laquelle les poules puissent entrer du dehors à l'aide d'une échelle, et se placer sur le juchoir, qui se trouve toujours au niveau de cette ouverture.

Mobilier d'un poulailler. — 1° L'échelle extérieure dont nous avons parlé; 2° un juchoir : c'est une large échelle formée de tasseaux équarris, parce que les poules ne peuvent se tenir affermies sur des perches trop cylindriques. Le juchoir doit s'appuyer, d'un côté à la partie supérieure du mur du poulailler, et, de l'autre, reposer sur le plancher avec une inclinaison telle, que les poules juchées dans le haut ne salissent pas celles qui sont placées au-dessous. Il faut avoir soin de placer près du plancher les échelons inférieurs, pour en faciliter l'accès aux poulets, qui n'ont pas la force de s'y jucher en volant; 3° des nids, auxquels les poules parviennent au moyen de petites échelles.

Précautions hygiéniques.

Le renouvellement de l'air dans un poulailler est de première nécessité. Quand les poules sont sorties du poulailler, il faut avoir grand soin d'ouvrir les portes et les fenêtres pour renouveler l'air, et il est bien d'en laver de temps en temps le plancher avec de l'eau mélangée de vinaigre. Il faut soustraire les poules à l'influence de leur propre infection, en donnant de l'espace à leur logement, en le blanchissant à la chaux, en renouvelant fréquemment leur litière, et en le nettoyant à fond de temps en temps. Dans le cas où le poulailler est devenu trop infect et trop malsain, il faut avoir recours au chlorure de chaux pour le désinfecter.

Il ne suffit pas de purifier la demeure, il faut encore nettoyer, et quelquefois même laver à l'eau chaude les nids, les juchoirs, les auges; souvent aussi il est nécessaire de renouveler le foin et la paille dont ils sont garnis, sans quoi la fiente ne tarde pas à engendrer une vermine qui attaque la mère et les petits.

A l'aide de ces précautions si simples et si faciles, les poules pondront toute l'année. La propreté influera beaucoup sur leur santé, et, par suite, sur la qualité de leur chair, qui en deviendra plus ferme et plus savoureuse.

Diverses sortes de poules.

Les poules le plus répandues en France sont : 1° la *poule ordinaire*, au plumage rouge brun, avec une crête très-développée, très-large ou très-longue; tantôt une huppe lui retombe au-dessous des yeux; tantôt elle porte sous le cou une espèce de barbe charnue ayant le même caractère que la crête; 2° la *poule russe*, que l'on nomme aussi poule de Padoue et poule américaine, dont la queue et la crête sont peu développées, mais dont les membres acquièrent un développement extraordinaire, surtout les pattes très-longues et très-vigoureuses. Ses œufs, teints d'une légère nuance aurore ou jaunâtre, sont plus petits que ceux des autres espèces. Les poussins de cette variété sont difficiles à élever, attendu qu'ils naissent presque sans duvet et arrivent à une taille assez forte avant d'avoir pris des plumes.

Cependant on recherche les poules de cette variété, parce qu'elles sont précoces et fécondes; 3° la *poule anglaise* est beaucoup plus petite que les autres variétés; aussi l'emploie-t-on pour couver les petits œufs d'oiseaux que les poules communes écraseraient par leur poids. Ses pattes sont garnies de plumes jusqu'au bout des ongles; ses ailes sont presque toujours pendantes et traînantes sur le sol. Elle s'accouple facilement avec le faisan, et donne naissance à un métis plus facile à élever et d'une chair presque aussi délicate que le faisan pur. Ses œufs sont très-petits, et elle s'engraisse facilement.

Qualités à rechercher dans un coq et une poule.

Le meilleur coq est celui qui a du feu dans les yeux, de la fierté dans la démarche, de la liberté dans les mouvements, et toutes les proportions qui annoncent la force; une taille moyenne, le bec gros et court, la crête droite et d'un beau rouge, la poitrine large, les ailes fortes, les cuisses musculeuses, les jambes grosses, armées de longs éperons, et les pattes garnies d'ongles légèrement crochus et acérés. La queue doit être longue et recourbée en faucille, les plumes du cou longues, luisantes et retombant jusqu'au-dessous des cuisses. Le coq commence à cocher dès l'âge de trois mois; il peut facilement servir dix à douze poules. Sa grande vigueur dure trois ou quatre ans; après ce temps, il faut le remplacer par un plus jeune. Quand il devient mou et paresseux, par suite d'une nourriture trop rafraîchissante ou du refroidissement de la température, il faut lui donner des aliments excitants.

Les poules doivent être assorties au coq, si l'on veut une race pure; mais si l'on cherche à varier et même à perfectionner l'espèce, il faut croiser les races.

Recherchez la moyenne grosseur, la tête grosse, le cou épais, les pattes bleuâtres et la crête rouge, pendante et lisse. Les bonnes fermières donnent la préférence aux poules noires, comme étant plus fécondes que les blanches, et pouvant échapper plus facilement à la vue perçante de l'oiseau de proie qui plane sur les basses-cours. Si la poule est trop grasse, elle pondra des œufs imparfaits, c'est-à-dire sans coquille, et qu'il est impossible de conserver.

Quand une poule casse et mange ses œufs, il faut la mettre à part et l'engraisser pour la tuer. Agissez de même à l'égard de la poule qui chante comme le coq ; elle devient impropre à la ponte; ses œufs sont petits et n'ont presque point de jaune. On reconnaît les vieilles poules à leur crête rude et à leurs pattes écailleuses.

De la ponte.

Pour tirer bon parti des poules, il faut qu'elles ne soient ni trop ni pas assez nourries; c'est un point d'une grande importance. Une bonne poule pond chaque année de 120 à 150 œufs. En général, elles pondent presque toute l'année, excepté dans les mois de novembre et de décembre, qui sont le temps de la mue.

Ce sont les approches, la durée et les suites de cette mue qui suspendent la ponte; elle est un temps critique pour les oiseaux, pendant tout le temps qu'elle dure, jusqu'à ce que les plumes perdues aient été remplacées par d'autres qui n'aient plus à croître. La consommation du suc nourricier, qui est faite pour le développement et l'accroissement des nouvelles plumes est considérable, et il y a bien de la vraisemblance qu'il n'en reste pas alors dans l'intérieur de la poule pour faire croître les œufs. Ce n'est donc pas précisément le froid de l'hiver qui empêche les poules de pondre, ce qui est très-prouvé, parce qu'il y en a qui donnent des œufs dans les mois de janvier et février, beaucoup plus froids que les mois d'octobre, novembre et décembre, pendant lesquels elles n'avaient pas pondu. Il est pourtant vrai que, lorsque les froids considérables surviennent, ils arrêtent ou diminuent la ponte; la poule alors qui donnait un œuf chaque jour, ne le donne plus que de deux en deux jours ou de trois en trois jours. S'il y a quelques poules qui pondent de bonne heure, ce sont celles qui ont mué plus tôt et qui sont plus tôt rétablies. En entretenant une bonne température dans le poulailler, et en les nourrissant bien pendant le temps que dure la mue, elles peuvent donner de trois à quatre œufs par semaine.

C'est vers l'âge de dix mois que la jeune poule commence à pondre; ses œufs sont plus petits et moins propres à l'incubation. Les poules huppées passent pour les meilleures pondeuses. Un peu de grain, orge, avoine, chènevis ou sarrazin suffit pour disposer les poules à pondre et pour les entretenir, lorsque la terre ne leur offre pas assez de fruits, de graines et d'insectes. Il faut éviter de les nourrir au point de les faire engraisser, parce qu'elles pondraient moins, et que le peu d'œufs qu'elles donneraient seraient hardés, c'est-à-dire sans coquille; c'est ce qui arrive lorsque le phosphate calcaire qui la compose ne peut plus se sécréter dans l'oviducte.

De l'incubation.

Choix des œufs. — Choisissez pour l'incubation les œufs de poules d'un an qui ont été couvertes par un jeune coq; qu'ils n'aient pas plus de vingt jours; qu'ils soient transparents quand on les examine au soleil, et qu'ils ne surnagent pas sur l'eau.

Tous les œufs pondus qui n'ont pas été fécondés par un coq ne sont pas bons pour l'incubation. Le germe, ou au moins le germe en état de se développer, manque aux œufs des poules qui vivent sans coq, et tous ceux même des poules qui ne sont point privées de coq ne sont pas des œufs féconds ou qui aient un germe bien conditionné. Ces imperfections proviennent de ce que les basses-cours ne sont pas fournies d'autant de coqs ou d'aussi bons coqs qu'il serait nécessaire pour que tous les œufs soient propres à être couvés.

Construction des nids. — Ces nids consistent en paniers d'osier de la grandeur de la poule. Fermez-les par un couvercle à claire-voie, pour laisser pénétrer l'air, et recouvrez les d'une toile pour intercepter la lumière et le bruit. Il faut les garnir de foin bien sec, d'étoupes ou de chiffons et les placer dans un endroit séparé du poulailler, sec, exposé au midi et à l'abri des fourmis et autres animaux.

Des poules couveuses. — Les vieilles poules couvent avec plus de constance que les jeunes. On choisit pour couver les plus grosses, les mieux emplumées et celles qui craignent le moins l'approche de l'homme et des animaux. Celles qui se disposent à couver pondent un œuf, et même quelquefois deux par jour. Vous reconnaîtrez que le moment de l'incubation approche lorsqu'elles cesseront de pondre et qu'elles glousseront presque continuellement. Alors leur démarche deviendra inquiète; elles se poseront sur tous les œufs qu'elles rencontreront; leur ventre, devenu brûlant, se dégarnira de plumes. Elles ne tarderont pas à se réfugier dans des paniers qu'il faut avoir préparés exprès.

Si, toutefois, vous trouviez plus d'intérêt à faire pondre vos poules qu'à les faire couver, enfermez-les seulement dans une cage, dans quelque lieu frais, obscur et loin de tout bruit, et alors vous leur ferez passer le désir de couver.

Mais, si, au contraire, vous aviez besoin de couveuses, plusieurs moyens sont indiqués pour déterminer les volailles à couver : 1° laisser quelques œufs, elles s'arrêtent volontiers, 2° les rassasier de chènevis afin qu'elles ne songent pas d'abord à chercher pâture; 3° les enivrer avec du pain trempé dans le vin ou le cidre pur avant de les établir sur les œufs; 4° les plumer sous le ventre et le leur flageller avec des orties qui leur font désirer la fraîcheur des œufs sur lesquels on les établit. On peut même par ce dernier procédé déterminer les chapons, les vieux coqs et les dindes à couver les œufs; ils conduisent ensuite les poussins avec autant de vigilance qu'une poule.

Il est une méthode supérieure aux précédentes, surtout pour les dindes. Ce moyen consiste à mettre la couveuse dans une boîte ouverte, justement de sa largeur et de sa longueur, et de 15 à 20 centimètres plus haute que son corps, lorsqu'elle est accroupie, puis à attacher à son cou, avec une ficelle, une planchette plus étroite que la boîte qui pèse sur son dos; l'inquiétude que la présence de cette planchette cause à la couveuse suffit pour la faire tenir sur les œufs et lui donne la sorte de fièvre qui accompagne toujours l'incubation.

Les bonnes ménagères, au lieu d'employer à l'incubation les poules qui, sans ce soin. ne tarderaient pas à recommencer leur ponte, leur substituent les dindes, qui d'ailleurs sont d'excellentes couveuses et peuvent contenir sous elle un plus grand nombre d'œufs. On peut même leur faire exécuter plusieurs couvaisons consécutives dont elles s'acquittent également bien.

Soins à donner aux couveuses.

La poule couve avec tant de constance, qu'elle se laisserait souvent mourir de faim sur ses œufs. Il faut avoir soin de la faire sortir trois fois par jour, soit pour lui donner à manger, soit pour la rafraîchir. Profitez de son absence pour mettre de côté les œufs cassés ou froids; mais gardez-vous de les remuer, car la poule les retourne elle-même quand cela est nécessaire. Souvent on place près des couveuses de l'eau et du grain, afin qu'elles puissent manger sans se déplacer, cet expédient est même le meilleur. Pendant tout le temps qu'elles sont sur leurs œufs, donnez-leur du pain bien cuit, détrempé dans de l'eau et du vin.

De l'éclosion.

Pour faire couver la poule, on l'établit à l'écart dans un lieu chaud, obscur et tranquille; on ne lui donne pas plus d'œufs qu'elle ne peut en couvrir. Ces œufs, recueillis soigneusement, ont été tenus bien enveloppés dans du foin fin ou de la plume, et à une température fraîche, parce que la chaleur ne tarde pas à altérer le germe.. En hiver, on peut donner à une poule une douzaine d'œufs à féconder, en été de quinze à dix-huit, parce qu'il est plus facile d'échauffer les œufs. Au bout de vingt à vingt-deux jours tous les poussins doivent éclore. Vers le commencement du vingt et unième jour le poussin commence, au moyen de son bec, à se frayer un passage à travers la coquille.

On peut, dans ce moment, sauver la vie à des poulets qui périraient si on ne les aidait à se tirer de leur coquille. On peut faire pour eux plus que la poule; elle ne leur rend pas alors, comme bien des gens le croient, des services très-essentiels. Ceux qui pensent que c'est elle qui, à coups de bec, doit percer la coquille et la briser sont dans une grande erreur. La poule donne, à la vérité, des marques de contentement lorsqu'elle entend ses petits crier dans la coquille, mais elle ne travaille point avec son bec à ouvrir leur prison; elle n'a point été instruite à le faire,

Les poules ne se servent de leur bec que pour retourner leurs œufs et les faire changer de place. Il arrive cependant à quelques-unes, ce qui est rare, de suivre les mouvements d'une tendresse impatiente et de frapper un œuf avec la pointe de leur bec; le petit court risque de s'en trouver mal.

C'est avec la pointe du bec que le poulet frappe des coups réitérés. L'effet des premiers coups de bec du poulet est une petite fêlure, tantôt simple, tantôt composée. Je veux dire qu'elle n'est quelquefois qu'une seule fente, et que quelquefois elle est composée de plusieurs fentes d'inégale longueur, qui partent d'un centre commun. Cette première fêlure est ordinairement entre le milieu de l'œuf et son gros bout, c'est-à-dire, plus près de celui-ci que de l'autre. Quand la fêlure est sensible, l'œuf est béché; elle le devient de plus en plus à mesure que les coups de bec sont redoublés. Ils font sauter quelquefois de petits éclats qui laissent à découvert la membrane blanche qui les tapissait, et ces éclats sont quelquefois poussés avec assez de force pour être jetés assez loin de l'œuf. La membrane de dessus de laquelle les premiers fragments de coquille viennent d'être détachés est ordinairement bien entière; la loupe même n'y saurait faire apercevoir aucune déchirure: on le comprend, la membrane, étant flexible et appuyée sur la coquille, résiste aux coups, qui font fendre et éclater une matière plus roide. Les coups continués prolongent les premières fêlures; ils font sauter de nouveaux morceaux de la coquille, qu'ils frappent successivement dans différents endroits, mais tous à peu près à la même hauteur. Les coups doivent parcourir et parcourent en effet presque toute la circonférence d'un cercle parallèle aux deux bouts. Pendant cette opération le poulet a toujours le bec passé sous l'aile, toujours dans la même position. Il est à remarquer que, puisqu'il a à frapper successivement la coquille dans la circonférence d'un cercle presque entier, il faut qu'il tourne à peu près sur lui-même jusqu'à ce qu'il ait fait un tour presque complet.

Tous les poulets n'emploient pas un temps égal à finir cette grande opération; il y en a qui parviennent à se tirer de leur coquille dans l'heure même où ils ont commencé à la bécher;

d'autres n'éclosent qu au bout de deux ou trois heures; assez communément ce n'est qu'au bout d'une demi-journée; d'autres ne naissent que plus de vingt-quatre heures après que la coquille a paru béchée. Tous ne sont pas également forts, également bien constitués; il y en a qui, trop impatients de voir le jour, attaquent de trop bonne heure leur coquille à coups de bec. Avant que de naître ils doivent avoir dans leur corps une provision de nourriture qui les dispensera d'en prendre d'autre pendant plus de vingt-quatre heures après qu'ils seront éclos; cette provision consiste dans une portion considérable du jaune qui n'a pas été consommée et qui entre dans le corps par le nombril. Le poulet qui sort de sa coquille avant que le jaune soit entré dans son corps languit et meurt peu de jours après être né.

Le poulet renfermé dans l'œuf a été chargé seul de tout l'ouvrage qui doit être fait avant qu'il se puisse mettre en liberté, ouvrage qu'on estimerait bien au-dessus de ses forces, si des observations journalières n'apprenaient celles qu'il a, et comment il faut les employer quand son état actuel lui fait sentir le besoin qu'il a de naître, de commencer à jouir d'une vie active, très-différente de celle qu'il a passée dans le repos le plus parfait. La manière dont ses parties extérieures sont posées ne ferait pas juger qu'il fût en son pouvoir de surmonter les obstacles qui s'opposent à sa sortie d'un logement devenu pour lui une prison. Il est alors mis en boule; son cou, en se courbant, descend du côté du ventre, vers le milieu duquel sa tête se trouve placée; le bec est passé sous une des ailes, comme l'est celui d'un oiseau qui dort : cette aile est constamment l'aile droite; les pattes sont ramenées sous le ventre, ainsi que le sont quelquefois celles des poulets et des pigeons qu'on veut mettre à la broche : les doigts, recourbés alors vers le derrière, touchent presque la tête par leur convexité. La partie antérieure du poulet est ordinairement du côté du gros bout de l'œuf, où le vide se fait constamment; il est contenu dans cette attitude, qui paraît si peu favorable aux mouvements qu'il semblerait dans la nécessité de se donner, par une épaisse et forte membrane; c'est pourtant sans changer cette attitude qu'il exécute ce qu'il y a de plus difficile, qu'il brise sa coquille et qu'il déchire la solide membrane dans laquelle il est empaqueté et qui résiste autant à ses efforts qu'une coquille qui est dure, mais friable. La coquille est une espèce de mur qu'il faut percer et abattre : le bec est l'instrument qui est employé à la piocher. Les coups que frappe le poulet pour piocher la coquille sont souvent assez forts pour se faire entendre, et, si on sait épier les moments, on les lui voit donner : la tête n'en est pas moins sous l'aile. J'ai dit trop peu lorsque j'ai dit qu'elle y était placée comme celle d'un oiseau qui dort, elle y est plus avancée, le bec sort de dessous cette aile du côté du dos ; la tête, en se donnant des mouvements alternatifs d'arrière en avant et d'avant en arrière, ou plus exactement du ventre vers le dos ou du dos vers le ventre, atteint et frappe la coquille plus ou moins rudement, selon la vitesse de son mouvement; pendant qu'elle agit, elle est en quelque façon guidée par l'aile et par le corps, qui la contiennent et l'empêchent de s'écarter; elle est très-pesante, car la grosseur de la tête du poulet prêt à naître est considérable par rapport au volume de son corps; elle fait avec le cou un poids si lourd pour le poulet, que quelques instants après qu'il est né il est encore incapable de la soutenir. Mais la manière dont toutes les parties sont disposées pendant qu'il est dans l'œuf, pendant qu'elles forment une espèce de boule par leur arrangement, lui rend le poids du cou et de la tête plus facile à porter en quelque position que soit l'œuf. La tête est soutenue soit par le corps, soit par l'aile, soit par l'une et par l'autre à la fois ; enfin, plus la masse de la tête est considérable et plus sont forts les coups que le poulet lui fait donner.

Il y a peu de grande couvée qui ne vaille quelques poulets de plus qu'elle n'eût fait si une main secourable achève d'en faire éclore quelques-uns dont le travail n'a pas assez opéré; il y en a de faibles et d'autres qui, quoique forts, ayant rencontré trop de résistance, soit de la part de la coquille, soit de celle de la membrane, demandent à être aidés; mais il y en a, quoique aussi forts qu'il est permis de l'être à des poulets prêts à naître, qui, quoique renfermés dans une membrane et une coquille d'é paisseur et de consistance très-ordinaire, sont absolument dans l'impossibilité de s'ouvrir la grande porte nécessaire pour les laisser sortir, et qui, fût-elle ouverte, seraient encore dans l'impossibilité d'en profiter; des circonstances particulières ont été cause qu'il n'est pas en leur pouvoir de tourner sur eux-mêmes, de faire le pirouettement que nous avons fait remarquer être nécessaire, afin que les coups de bec puissent attaquer successivement au moins une très-grande portion de la circonférence de la coquille; leur corps est fixé dans la position où il se trouve, à la lettre il est collé. Pour voir comment un poulet peut être collé dans sa coquille et comment il arrive qu'il le soit, il ne faut que savoir qu'entre la membrane et son corps il y a un reste d'une liqueur épaisse qui est du blanc d'œuf; que, si cette liqueur se sèche, elle devient une véritable colle, très-capable d'attacher à la membrane les plumes qui la toucheront. Le poulet de l'œuf dans lequel cette liqueur a été le plus épaissie par la chaleur court plus de risque d'être ainsi collé par ses plumes. Ordinairement, néanmoins, ce fâcheux accident ne lui arrive que lorsque, après avoir fait une fracture un peu grande dans l'endroit le premier béché, il a déchiré la membrane dans ce même endroit et s'est ensuite tenu en repos pendant du temps; l'air qui est entré par la déchirure dans l'intérieur de la coquille a d'abord changé en colle sèche et dure la liqueur la plus proche des bords du trou, et ensuite celle de quelques endroits de l'intérieur. Quand le poulet veut ensuite se remettre à l'ouvrage, il est bien en son pouvoir de faire agir son bec, mais il ne lui est pas possible de faire changer de place à son corps; les tentatives qu'il fait pour y parvenir lui sont douloureuses, elles tendent à arracher ses plumes, elles le forcent à crier, l'envie de réitérer ces tentatives lui est ôtée, et, quand il les réitère, c'est avec de nouvelles douleurs et avec aussi peu de succès.

Des signes assez certains peuvent faire connaître qu'un poulet est dans cet état, où il ne saurait manquer de périr s'il n'est pas secouru. Lorsqu'on remarque qu'une assez large fracture qui a été faite à une coquille avec déchirement de la membrane reste la même pendant cinq à six heures, qu'elle ne s'allonge point, on en peut conclure que le poulet est collé dans l'intérieur de l'œuf. On regarde attentivement les bords du trou fait à la membrane; on voit qu'ils sont secs, qu'aucune liqueur ne les humecte ; quelquefois même il est visible que les plumes y sont collées. Alors on ne doit pas hésiter de faire pour le poulet ce qu'il ferait si la liberté d'agir ne lui était pas ôtée. Pour le tirer de ce mauvais pas, frappez des petits coups avec un corps dur, comme par l'un ou par l'autre des bouts d'une clef; vous prolongerez la fracture jusqu'à ce que vous lui ayez fait parcourir une circonférence complète, et vous déchirerez la membrane qui est au-dessous de la fracture : vous pouvez le faire avec une petite pointe, avec celle d'une épingle, avec celle des ciseaux, mais donnez-vous bien garde de la faire pénétrer dans l'intérieur de l'œuf au delà de ce que demande le déchirement qu'elle doit opérer. Avec les ongles, avec les seuls doigts, on peut souvent, sans aucun risque pour le poulet, déchirer la membrane dans toute la circonférence de l'œuf, et cela en faisant des efforts bien ménagés pour enlever la portion antérieure de la coque, qui est séparée de l'autre par la fracture; la membrane qui lui est attachée est déchirée par les petits efforts faits alors contre elle; mais le plus souvent on ne doit pas tenter d'emporter à la fois toute la portion antérieure de la coque : la résistance qu'on éprouve apprend quand on ne le saurait faire sans causer trop de douleur au poulet. Il faut, dans le cas de trop de résistance, casser à petits coups cette portion antérieure en différents morceaux, qu'on sépare ensuite doucement les uns des autres, pour mettre le poulet à découvert; entre ces morceaux, on en trouve quelques-uns qui doivent être tirés avec un ménagement particulier, ce sont ceux qu'on ne tire point sans faire crier le poulet, ceux auxquels les plumes sont collées. Quand l'étendue dans laquelle elles le sont n'est pas grande, malgré les cris du petit animal on peut continuer de les tirer. Quelquefois on lui arrache des plumes, mais plus souvent les plumes elles-mêmes arrachent à la coquille la partie de la membrane à laquelle elles tiennent. Après que le poulet a été ainsi dégagé de toutes les parties de la coque auxquelles il était adhérent, il reste sur son corps diverses plaques plus ou moins grandes, qui sont des morceaux de la membrane restés attachés aux plumes; il n'en est plus mal habillé que pendant trois ou quatre jours, au bout desquels ces plaques membraneuses tombent d'elles-mêmes. Quelquefois le poulet n'est pas seulement collé contre les divers endroits de la partie antérieure de la coque, il l'est de même contre divers endroits de la partie postérieure, dont il faut encore le détacher.

Quoique cette opération soit douloureuse au poulet, elle ne lui est jamais mortelle; dès qu'il en est quitte, il paraît avec toute la vigueur que peut avoir un poulet naissant; mais il ne tient qu'à celui qui lui sauve la vie de lui épargner la douleur : il n'a qu'à humecter avec le bout d'un petit linge trempé dans de l'eau chaude les endroits où les plumes sont collées à la membrane qui tapisse la coquille; cela fait, il les peut détacher sans la fâcheuse alternative de les arracher de dessus le corps ou d'arracher les fragments de la membrane.

Les poulets qui ont des plumes collées contre les parois intérieures de la membrane ne sont pas les seuls auxquels on puisse sauver la vie en les faisant éclore; nous l'avons déjà dit, il y en a qui n'y peuvent parvenir pour être trop faibles ou pour avoir de trop grands obstacles à surmonter. On doit juger que c'est le cas où se trouve le poulet de tout œuf qui reste béché pendant plus d'une demi-journée ou une journée entière sans que la fracture s'étende du côté droit, sans que la membrane soit déchirée ou même mise à découvert; les forces nécessaires pour achever son ouvrage lui manquent, on lui rend un important service en le faisant naître, et on le lui rend sans le faire souffrir. Après qu'on a fracturé la coque dans toute sa circonférence et déchiré la membrane, on ne trouve aucune difficulté à enlever la portion antérieure de la coque. Dès que le poulet a été exposé au grand jour, si le secours ne lui est pas venu trop tard, il tire sa tête de dessous l'aile, allonge le cou, et ordinairement ne tarde guère à faire les efforts nécessaires pour sortir de la portion de la coquille dans laquelle il était resté.

Ce secours, si important à bien des poulets, pourrait être funeste à d'autres; aussi ne crois-je pas qu'on doive se presser de le donner. Je ne conseille de procurer la facilité de sortir de leur coque qu'à ceux qui sont restés près de vingt-quatre heures sans avancer leur ouvrage. Je l'ai déjà dit, il y a des poulets qui montrent trop d'impatience à bécher leur coquille avant que le jaune soit rentré dans leur corps; ceux-ci ne s'en trouveraient pas bien si on les mettait en état de naître quelques heures après qu'ils ont béché. (Voyez pour plus de détail : *Nouvel art d'élever les Dindons*, par Chevassus.)

Quand le petit qui aura commencé à se faire jour vous paraîtra faible, vous pouvez lui faire avaler quelques gouttes de vin afin de ranimer ses forces.

Éducation des jeunes poussins.

Quand tous les poussins sont éclos, sortez-les du nid avec leur mère et placez-les dans un endroit chaud, où ils puissent se promener sans danger. Le premier jour, il faut soutenir leurs forces avec du vin, parce que leur bec est encore trop tendre pour qu'ils puissent manger. On pourrait à la rigueur ne rien offrir au poulet le premier jour de la naissance, parce qu'il n'a aucun besoin de faire rien entrer dans son jabot qu'au bout de vingt-quatre heures, et même plus tard. On le tente et on le détermine à becqueter plus tôt si on lui présente de la nourriture au bout de dix ou douze heures, mais on prévient alors sa faim. Une partie considérable du jaune de l'œuf n'a pas été consommée par le petit oiseau logé dans la coquille; elle entre dans son corps peu de temps avant qu'il paraisse au jour; elle y est digérée, et par conséquent elle le nourrit : qu'on ne s'étonne donc point de voir le petit animal devenir plus fort malgré un jeûne de plus d'un jour. Chaque soir, on les replace dans le panier où ils ont été couvés, pour que leur mère les tienne chaudement sous ses ailes pendant la nuit. De la mie de pain trempée dans du vin, ou mêlée avec des œufs durs hachés très-menu, doit être la nourriture des cinq ou six premiers jours; puis on leur donne des criblures de blé ou autres grenailles fines, lorsque leur bec commence à se durcir. Distribuez-leur cette nourriture sous une cage dont les barreaux ne sont pas assez espacés pour donner passage aux volailles, mais assez pour laisser pénétrer les poussins. Le besoin de boire leur vient presque aussitôt que celui de manger : il ne faut donc pas oublier de les pourvoir de bonne heure d'un petit pot ou vase plein d'eau, qu'on assujettit de manière qu'ils ne puissent le renverser. Il ne le faut ni large ni profond; ce n'est pas assez que sa grandeur n'expose pas ceux qui entreraient dedans à s'y noyer, il doit être si peu profond qu'ils ne puissent que s'y mouiller les pattes; mais ordinairement ils se tiendront hors du vase lorsqu'ils y prendront avec le bec des gouttes d'eau qu'on leur verra faire passer dans leur gosier en levant le cou et la tête. Si le temps est froid, s'il est humide, il ne faut pas se presser de laisser sortir la couvée, mais, s'il fait beau au bout de huit jours, il n'y a pas d'inconvénient à leur faire prendre l'air.

Au bout de quinze à vingt jours, selon la température, la mère peut conduire ses petits à la basse-cour. Afin de pouvoir rendre quelques poules à leurs autres fonctions, on réunit deux couvées, c'est-à-dire vingt-cinq poussins environ. Quand ils sont devenus assez forts et assez gros, on choisit les plus beaux pour pondeuses et pour coqs.

Il est toujours prudent, pour suppléer aux mères que l'on peut perdre quelques jours après la naissance des poussins, soit par maladie, soit par accident, d'avoir dans sa basse-cour un chapon pour conduire ses poussins; mais, avant de les lui livrer, il faut lui faire prendre une affection pour les poulets, semblable à celle qu'ont pour eux les poules qui les ont fait naître. Voici la manière de les former à ce soin. On le tient seul pendant un jour ou deux dans un baquet peu large et assez profond, que l'on couvre de planches; on le retire plusieurs fois par jour de ce baquet pour le mettre sous une cage où il trouve de quoi manger ; un des jours suivants, on lui donne pour compagnons deux ou trois petits poulets, de ceux qui ont déjà quelque force, à qui des plumes ont poussé aux ailes, et qui en ont à la queue qui commence à se montrer ; on les laisse avec lui et les retire ensemble du baquet pour les mettre sous la cage et les y faire manger de compagnie ; s'il les traite mal, on les sépare, et on ne recommence que le lendemain à mettre ces mêmes poulets ou d'autres avec le chapon dans le baquet, où il entre peu de jour. Au moyen de ces opérations, répétées plusieurs fois par jour et quelques jours de suite, le chapon s'accoutume à vivre avec deux ou trois poulets; on en augmente le nombre peu à peu. Il s'accoutume à vivre avec les nouveaux venus comme il s'est accoutumé avec les anciens, et, quand on est parvenu à en mettre près de lui sept à huit et qu'il a paru y être attaché, on peut sans risque lui en donner une plus grande quantité : on l'a amené au point de paraître d'autant plus content qu'il y en a plus confiés à sa conduite. Les premiers jours de l'éducation sont les plus difficiles, il est rare qu'ils se passent sans qu'il y ait quelques petits poulets tués ou estropiés; il faut s'attendre à voir ces fâcheuses aventures, et n'en être pas rebuté, parce qu'elles ne sont pas répétées dans la suite : elles sont le prix de l'instruction du chapon. Elles seront pourtant plus rares si les premiers poulets qu'on exposera à être mal reçus sont plus forts que ceux qu'on est en usage de lui présenter. S'ils sont déjà gros comme des cailles ou des merles, ils seront plus en état de résister à quelques coups de bec ou de patte, et moins en danger d'être écrasés lorsque le chapon marchera inconsidérément sur eux ou lorsqu'il s'y accroupira trop pesamment. Au moyen d'une éducation semblable, on réussit à faire prendre aux coqs comme aux chapons le goût de devenir conducteurs de poulets. Les chapons et les coqs, une fois instruits à conduire les poulets, le sont pour toute leur vie ; ils ne se lassent pas de cette occupation. Si on les laisse oisifs pendant plusieurs mois de suite, comme on le fait ordinairement pendant la fin de l'automne et pendant tout l'hiver, on leur retrouve au printemps le talent qu'on leur avait fait acquérir, ou il ne faut que très-peu de leçons pour le leur redonner.

Quand même on ne perd pas la mère, on trouve encore deux autres avantages à faire élever les poulets par des chapons. On ne perd point les œufs que les poules auraient pondus pendant une partie du temps où elles ont été occupées du soin de leurs petits. Quelquefois néanmoins l'envie de pondre, que ce soin arrête ordinairement, leur revient trop tôt ; alors elles abandonnent à eux-mêmes des poulets encore trop faibles, au lieu qu'ils ne cessent d'être menés par les chapons que quand ils veulent cesser de l'être.

Manière d'engraisser les jeunes poulets.

Au bout d'un mois, il faut retirer les poussins à leur mère, et les mettre tous séparément dans une cage dont je donnerai plus loin la description. Après trois mois passés dans leur cage et nourris comme je vais l'indiquer, chacun de ces poussins sera devenu un superbe poulet pouvant être vendu 2 fr. 50 à 3 fr. 50 c.

Le son et la pomme de terre sont les deux seuls aliments qui leur conviennent parfaitement, soit sous le rapport hygiénique, soit sous celui des avantages. Ce genre de nourriture et ce régime rendent leur chair toujours délicate, et la font préférer aux volailles élevées dans les basses-cours.

Nourriture des jeunes poulets.

Faites chaque jour de la pâtée avec du son et des pommes de terre, dans la proportion d'un demi-boisseau de l'un et d'un demi-boisseau de l'autre par cinquante têtes. Divisez cette quantité en trois parties et distribuez-la trois fois par jour : à six heures du matin, à midi et le soir entre cinq et six heures. Cette nourriture n'est propre qu'aux poulets depuis un mois jusqu'à quatre, c'est-à-dire depuis le moment où ils sont enfermés dans leurs cages. Après les deux premiers repas, il faut les mettre dans l'obscurité pendant une heure entière, et, après celui du soir, les priver entièrement de lumière jusqu'au lendemain matin. Ayez soin de ne leur donner à manger qu'une heure après leur lever. Ce régime à suivre est celui de l'été. Pendant l'hiver, il n'y aura qu'un plus grand nombre d'heures à consacrer au sommeil, et à rapprocher celle des repas. Quand le local sera humide ou trop froid, il faudra lui donner un peu de chaleur

Des cages.

Les cages doivent être en bois de sapin, placées sur des pieds de 40 centimètres de hauteur, avec des fonds à barreaux de bois, plats, larges d'un pouce, placés à une distance égale, et assez espacés pour que les excréments puissent tomber; que les parois soient en planches et non en barreaux, afin que chaque poulet soit parfaitement isolé; les dessus en grosse toile tamis, pour qu'ils aient le plus d'air possible. Devant et derrière, il faut des barreaux et une trappe en planche : elle doit servir à les mettre dans l'obscurité, ainsi que nous l'avons dit précédemment. Le devant est percé d'un trou par où la tête de l'animal peut passer.

Donnez à chaque case, qui doit renfermer un poulet, une largeur de 22 centimètres sur 33 centimètres de hauteur et 50 de profondeur. Il est facile de mettre de quatre à cinq cages les unes sur les autres : chacune d'elles peut avoir de dix à quinze cases. Au-dessous du trou par où passe la tête de l'animal, établissez une petite auge qui règne tout le long des cellules, dont une partie sera réservée pour mettre de l'eau fraîche renouvelée chaque jour, et la plus grande partie sera destinée à mettre la pâtée qui doit servir à nourrir les poulets. Déposez au-dessous de chaque cage, à 25 centimètres du fond, une planche attenant aux quatre pieds pour recevoir la fiente. Il faut avoir soin de laver cette planche tous les matins, et l'intérieur des cages tous les huit jours. Ces cages doivent être placées dans un endroit chaud et obscur.

Nourriture des poules.

La criblure et le son bouilli composent la nourriture ordinaire des poules. L'orge moulu ou crevé dans l'eau leur est très-profitable et leur fait pondre de gros œufs.

Il reste maintenant à savoir s'il en coûte plus à nourrir les poules avec de l'orge crevé qu'avec celui qu'on n'a pas fait bouillir; si une poule mange une plus grande ou moins grande quantité de ce même grain crevé que quand il ne l'est pas. J'ai donc dû, pour m'en assurer, en faire l'essai : j'ai fait crever quatre litres d'orge sec, qui m'ont donné, après avoir bouilli, dix litres d'orge crevé; j'ai nourri sept poules et un coq, qui, dans leur journée, mangeaient ordinairement deux litres d'orge sec, avec trois litres de crevé. Ainsi, en donnant de l'orge crevé au lieu d'orge non crevé, on épargne deux cinquièmes de la quantité de ce grain.

Ce résultat m'a conduit à faire la même expérience sur les autres grains avec lesquels on nourrit les poules, afin de connaître l'augmentation de volume que produit dans chaque grain l'ébullition qui fait fendre leur écorce et qui les ramollit de manière qu'ils se laissent écraser sous le doigt, et de savoir, en outre, la quantité de grain que mangeraient les poules, nourries de l'un et de l'autre de ces grains, sec ou crevé. Quatre litres d'avoine, après avoir été crevés, ont rempli sept litres; quatre litres de maïs, après avoir été crevés, ont rempli treize litres; quatre de seigle, après avoir été crevés, ont rempli quinze litres, et quatre de sarrasin, après avoir été crevés, ont rempli quatorze litres.

Les poules mangent la même quantité d'avoine crevée que de sèche, quoique l'ébullition lui ait fait prendre un volume capable de remplir sept litres. Il en coûte donc autant pour rassasier les poules d'avoine crevée que pour les rassasier d'avoine non crevée.

Mais il y aurait de l'économie à nourrir plutôt des poules de blé de maïs crevé que de blé de maïs en son état naturel. Celles qui eussent mangé dans leur journée un litre cinquante-quatre centilitres de ce dernier n'ont mangé que trois litres soixante-dix centilitres par jour du même blé crevé, qui n'équivalent qu'à un litre vingt-trois centilitres de celui qui n'a pas été renflé par la cuisson; et ce n'a même été que pendant deux jours qu'elles en ont mangé trois litres soixante-dix centilitres par jour; dans chacun des deux jours suivants, elles ont eu assez de deux litres quarante-cinq centilitres de ce grain crevé.

Malgré le renflement considérable que l'ébullition produit dans le seigle, loin que la consommation en fût diminuée, en le donnant crevé aux poules, elle en serait un peu augmentée :

les poules qui, dans leur journée, n'eussent mangé que quatre-vingt-treize centilitres de seigle sec, ont consommé trois litres soixante-dix centilitres de seigle crevé : il y a donc perte à le leur donner crevé.

Le sarrasin se renfle, en crevant, une fois plus que l'avoine. Les quatre litres de ce grain qui ont souffert une assez longue ébullition en deviennent quatorze. Cependant, il n'y a encore rien ou très-peu à gagner, en le faisant crever : les poules viennent à bout de manger les quatorze litres de ce blé renflé à peu près dans le temps où elles mangent les quatre litres de ce blé tel que la nature nous le donne.

Au moyen des expériences que je viens de rapporter, on est en état de juger dans chaque pays quelle est la nourriture que l'économie veut qu'on y donne à la volaille. Ces expériences apprennent que si on la fait vivre d'orge et de maïs, il y a beaucoup à gagner en ne les leur offrant qu'après les avoir bien fait crever, car la dépense du feu nécessaire pour faire bouillir ces grains assez longtemps pour les ramollir et les renfler est petite, en comparaison de ce qu'on épargne sur la quantité du grain.

Pour rafraîchir les poules, il faut de temps en temps leur jeter de la verdure. 120 grammes de grain par jour suffisent à celles qui sortent, et 180 à celles qui sont renfermées. Donnez-leur aussi des fruits gâtés, des pommes de terre cuites, etc. Un moyen qui est encore économique de donner le grain aux poules est de le leur distribuer moulu, délayé, et formant une sorte de bouillie ou de pâte.

Quand on ne veut pas perdre une parcelle de grain, il faut se servir, comme dans quelques parties de l'Angleterre, d'une espèce de trémie; elle se compose d'un coffre qui communique, par de petits trous, avec un réservoir à compartiments placés au-dessous. Les petits oiseaux ne peuvent y puiser, car les couvercles des réceptacles inférieurs ne peuvent être soulevés que par le poids d'une poule placée sur les barres transversales qui se trouvent au bas.

Des verminières.

Pour entretenir la santé des poules, aiguiser leur appétit, accélérer la ponte, et en même temps pour économiser le grain, on a imaginé de fournir aux poules les vers dont elles sont avides, en établissant des verminières. Voici comment on s'y prend : on creuse une fosse, dont on tapisse le fond d'un lit de paille de seigle hachée très-menu, de 15 centimètres de hauteur; on recouvre cette paille d'une couche de crottin de cheval, et ensuite d'une autre couche de terre sur laquelle on répand du sang avec du marc de raisin, de l'avoine, du son, des tripailles, des charognes, etc., jusqu'à ce que la fosse soit remplie. Pour empêcher la volaille d'y gratter, on a soin de recouvrir le tout de larges pierres et de broussailles. Bientôt cette couche entre en putréfaction et donne naissance à des milliers de vers et d'insectes. Chaque matin, en trois ou quatre coups de bêche, on retire la portion de la journée et on la répand dans la basse-cour, car il serait dangereux de laisser la volaille en manger à discrétion.

Du chaponnement.

Le chaponnement, ou castration des coqs, a pour but de rendre leur chair plus grasse et plus délicate. C'est au printemps ou en automne que se pratique cette opération, car la plaie se gangrène très-souvent en été. Les coqs de quatre mois ou environ sont en âge d'être châtrés. Pour faire cette opération, on se munit d'un instrument bien tranchant et d'une aiguille enfilée d'un fil bien ciré, et on procède ainsi :

Un aide assujettit l'animal sur le dos, la tête en bas, pour que l'intestin, refoulé vers la poitrine, ne soit pas aussi exposé à être blessé par l'instrument avec lequel on ouvre le ventre; le croupion tourné vers l'opérateur, la cuisse droite tenue le long du corps et la cuisse gauche portée en arrière, afin de découvrir le flanc gauche sur lequel sera faite l'incision. C'est en bas de cette région que l'opérateur, après avoir arraché les plumes, fait une incision qui pénètre dans le ventre et doit être assez grande pour qu'on puisse y introduire le doigt. Il est prudent, au moment où on fait cette incision, de soulever un peu les parois du ventre qu'on incise, pour les écarter des intestins et être plus sûr de ne pas atteindre ces viscères avec l'instrument. Si quelques portions intestinales tendent à s'échapper par la plaie, l'opérateur les retient; puis, introduisant le doigt indicateur dans l'abdomen, il le dirige vers la région des reins, un peu sur le côté gauche de la ligne médiane. Là, il sent un corps d'une surface lisse, du volume d'un petit haricot, et peu adhérent: il l'arrache, et l'attire vers l'ouverture par laquelle il le fait sortir. On procède de la même manière pour le second testicule, qui se trouve à coté du premier, à droite de la ligne médiane; puis on rapproche les lèvres de la plaie, qu'on maintient en contact par quelques points de suture, et l'opération est terminée. Les soins à donner à l'animal après l'opération consistent à le placer pendant quelques jours dans un lieu à température douce, où il ne puisse faire d'efforts pour se percher, et à lui donner une nourriture substantielle, tel que du bon grain crevé dans l'eau grasse, du pain cuit dans du vin rouge, ou du cidre, ou de la bière, de manière, toutefois, à ne pas l'enivrer, ou de la farine et du son délayés dans de l'eau.

On châtre les poules dans le même but. On leur arrache les plumes qui se trouvent entre le croupion et la queue; on trouve, précisément sous le croupion une petite élévation formée par un petit corps rond qui se trouve dessous. On y pratique une incision en travers, et assez large seulement pour pouvoir y introduire le doigt et faire sortir cette grosseur qui ressemble à une glande, c'est l'ovaire. On la détache; on coud ensuite la plaie, on la frotte avec de l'huile et on la saupoudre de cendre. (*Maison rustique du* XIXe *siècle.*)

Engraissement des chapons, des poulardes et des coqs.

Choisissez des sujets âgés de cinq à six mois, des poules qui n'aient pas encore pondu; celles qui sont nées dans les mois de juin et de juillet sont propres à être engraissées en novembre. Celles qui sont nées dans le mois d'août sont propres à l'être en janvier. Par ce choix, vous serez sûr d'avoir une poule grasse, d'avoir une graisse et une peau bien blanches et surtout une chair extrêmement tendre.

Il y a encore un choix à faire entre les poules, par rapport à la couleur de leurs pattes; les poules dont les pattes sont jaunes ne donnent pas de poulardes qui aient la peau et la chair aussi blanches que la peau et la chair des poulardes à pattes noires.

On parvient à engraisser de vieilles poules, mais ceux qui, séduits par leur grosseur, en font l'emplette, n'eussent eu garde de les préférer à de plus petites, s'ils eussent prévu qu'ils les trouveraient dures.

Par la méthode que je vais indiquer pour engraisser les jeunes poules, on peut aussi engraisser les jeunes coqs, mais leur chair est toujours plus ferme que celle des poulardes. Cette petite imperfection est à la vérité compensée par un avantage : on trouve plus de goût à la chair des coqs. Les coqs vierges sont ceux qui donnent les meilleurs résultats. Pour qu'ils le soient réellement, il faut les avoir privés dès l'âge de six semaines ou de deux mois de tout commerce avec les poules.

Les chapons et les jeunes poulets peuvent aussi être engraissés par la même méthode, qui donne les meilleures poulardes; ce que j'en aurai dit par rapport à celles-ci sera donc également d'usage pour les poulets, les coqs et les chapons.

Quand on veut procéder à l'engraissement, on met la volaille dans une épinette ou mue, espèce de cage composée de plusieurs loges à la file, assez étroites pour que la volaille ne puisse pas s'y retourner. Le plancher de cette cage est à claire-voie et donne passage aux excréments. Chaque loge a sa porte pour entrer et sortir la volaille quand on veut lui faire prendre son repas

Les mues doivent être placées dans un endroit chaud et obscur; si on ne peut pas disposer d'un endroit obscur pour que les volailles soient privées de la lumière du soleil, il faut couvrir les mues de quelques pièces de toile, comme d'une nappe ou d'un drap, etc., et ne s'approcher d'elles pour les soigner et les faire manger, qu'à la faible lueur d'une chandelle. Elles doivent être éloignées des autres poules qui jouissent de leur liberté, parce qu'elles pourraient leur faire naître le désir de sortir de leur mue. On cherche à éloigner tout ce qui pourrait les empêcher de se trouver bien; on voudrait qu'elles ne cessassent d'y dormir. Il ne faut pas mettre les coqs avec des poules, parce que ce serait pour elles un sujet de distraction; quoique bien traitées et soignées, elles ne deviendraient pas des poulardes aussi fines qu'elles le seraient si un mâle ne se trouvait pas avec elles.

La nourriture de la volaille à l'engrais se compose de farine de millet, maïs, sarrazin, orge et avoine.

Avec ces farines ont fait de la pâte comme si on voulait en faire du pain, excepté qu'il n'y a pas de levain. Il ne faut pas qu'elle fermente, qu'elle aigrisse, et par cette raison il n'en faut faire que pour un jour.

Dès que la pâte a été pétrie, pendant qu'elle est encore chaude. on la met en boulettes; les boulettes doivent avoir à peu près la forme et la grosseur d'une petite olive, c'est-à-dire qu'elles sont oblongues, mais plus menues à l'un et à l'autre bout que vers le milieu. L'ouverture du bec d'une poule est la mesure de la plus grande grosseur qu'il soit permis de leur donner.

Les repas de la volaille doivent être de deux par jour et à douze heures de distance l'un de l'autre, six heures du matin et six heures du soir.

Quand on se prépare à faire faire un repas à la volaille, on met du lait en quantité jugée nécessaire dans un plat creux; si on n'a pas de lait, on peut le remplacer par du bouillon fait exprès, soit avec un peu de saindoux, soit avec un peu de beurre, soit de graisse, etc.; on le fait chauffer doucement, on jette dans ce plat quelques boulettes plus ou moins, suivant la grandeur du vase et la quantité de liqueur qu'on y a versée.

La personne chargée d'empâter la volaille porte près de la cage où elle est le plat qui contient les boulettes qui se sont humectées et ramollies dans la liqueur; elle s'assied près de la cage d'où elle tire une des volailles pour la faire manger; elle la pose sur ses genoux et l'y tient assujettie avec le bras et la main gauche, de manière qu'il ne lui soit permis de remuer les pattes ni d'agiter les ailes; la même main embrasse le cou, et avec deux de ses doigts, le pouce et l'index, elle ouvre le bec et le tient prêt à recevoir une boulette qui y est introduite par la main droite, et portée jusqu'à l'origine du gosier; la volaille donne sur-le-champ à son gosier le mouvement nécessaire pour faire aller la boulette en avant, et dès l'instant elle est avalée. On doit lui en faire avaler jusqu'à ce que son jabot soit bien rempli.

Il arrive quelquefoois qu'une boulette trop grosse ou mal présenté reste dans le gosier, sans que la poule donne aux muscles destinés à les faire aller en avant l'action qui serait nécessaire pour cet effet; alors sans hésiter on la pousse avec le doigt, et, après l'avoir conduite jusqu'au jabot ou tout auprès, on donne à boire à la poule ce qu'il peut tenir de liqueur dans une coquille de noix, sans pousser même avec le doigt la boulette qui s'est arrêtée dans le gosier; on la fait marcher au moyen d'un peu de boisson, et cela lorsqu'elle ne s'était arrêtée que parce que le gosier était trop sec. Entre les poules il y en a qui n'aiment pas à être empâtées; cette façon d'être nourries leur déplaît, elles ne se prêtent pas à faire passer les boulettes dans leur jabot. Alors on leur fait faire de force ce qu'elle refusent de faire de bonne grâce: on pousse avec les doigts toutes les boulettes sur lesquelles elles ne font pas agir leur gosier. Il y a même des volailles qui, après avoir très-bien avalé les boulettes pendant sept à huit jours, semblent lasses de la façon dont on les a traitées jusque-là; on est obligé de se servir du doigt pour leur remplir le jabot.

Avant que de commencer à donner à manger à une volaille, on ne doit pas manquer de tâter son jabot; si on le trouve vide, si on n'y sent aucune boulette, c'est une preuve qu'elle a bien digéré la nourriture qui lui a été donnée. Il est prouvé, au contraire, qu'elle a été surchargée d'aliments si le jabot est resté plein en partie; alors on lui fera faire un repas plus léger, on lui fera avaler moins de boulettes.

Quand le terme où elle seront suffisamment grasses approche, on ne doit pas leur donner autant à manger à chaque repas; on ne leur rendra pas le jabot aussi gonflé, aussi tendu, parce que l'appétit des volailles diminue à mesure qu'elles engraissent.

Après quinze jours ou trois semaines au plus, on a des volailles ausi grasses, aussi parfaites qu'elles peuvent devenir. Quelques-unes parviennent à être grasses à ce point deux ou trois jours plus tôt; on peut prolonger de quelques jours le régime où on les a tenues sans grand inconvénient, mais si on le prolongeait plus longtemps, loin d'acquérir encore de la graisse, elles en perdraient et iraient journellement en dépérissant.

Moyens de conserver les œufs et les plumes.

Pour conserver des œufs longtemps frais, il faut les placer dans des endroits secs, sans que la température y soit trop élevée. Mais comme l'air extérieur s'introduit par les pores de la coquille, se communique à l'air intérieur, et détermine bientôt la décomposition et l'évaporation graduelle de l'œuf, il faut empêcher cette communication en couvrant la coquille d'un enduit. On peut tremper l'œuf dans l'huile, mais il faut avoir soin de l'essuyer, parce qu'une trop grande quantité pénétrerait la coquille et donnerait à l'œuf un mauvais goût. On peut également les graisser soit avec du beurre, soit avec du saindoux, soit avec de la graisse de cuisine. Une couenne de lard peut également servir à cet usage et sera, je crois, plus commode que le reste. La couche de graisse la plus mince suffit pour conserver les œufs frais. On peut encore les couvrir de sciure de bois, de sable pur ou de grains bien secs. L'emploi de l'eau de chaux est très-facile, et les œufs se conservent frais pendant une année entière. Voici la manière de la préparer : on met dans un bocal de terre quinze à 20 litres d'eau, trois ou quatre kilog. de chaux vive; on délaye bien le mélange à plusieurs reprises. On laisse déposer la chaux jusqu'à ce que l'eau soit parfaitement claire. C'est cette eau que l'on emploie; on la verse dans le bocal qui contient les œufs jusqu'à ce que l'eau les dépasse d'environ dix centimètres. On la saupoudre d'une petite quantité de chaux vive et on ferme le bocal.

Il y a encore une manière d'avoir des œufs frais qui peuvent être gardés longtemps sans se corrompre; ils proviennent des œufs des poules qui vivent sans coqs, parce que le germe qui les fait corrompre ordinairement manque à ces œufs,

Quant aux plumes, elles doivent être arrachées aussitôt après la mort de l'animal et pendant qu'il est encore chaud : autrement, elles pourraient se gâter, et elles manqueraient de cette élasticité qui fait leur valeur. Dans la crainte qu'elles ne s'échauffent et ne s'attachent ensemble, hâtez-vous de les faire sécher au four et de les conserver ensuite dans un endroit sec.

MALADIES DES POULES

En général, on reconnaît qu'une poule est malade aux caractères suivants : sa crête pâlit, ses plumes se ternissent, se hérissent ; sa démarche devient lente et triste. Chaque maladie a, de plus, ses signes particuliers.

1° DE LA PÉPIE. — La disette et la malpropreté de l'eau sont presque toujours la cause de cette maladie qui attaque la jeune volaille. — *Symptômes :* Cessation d'appétit, air triste, voix rauque et fraîche, bec souvent ouvert, comme si la respiration était gênée. La poule remue la tête comme pour éternuer ; sa langue prend une teinte jaunâtre, à son extrémité se développe une pellicule cornée d'un blanc mat. — *Remèdes :* Enlevez doucement avec une aiguille ou un canif cette pellicule ; lavez ensuite la plaie avec du vinaigre, et enduisez-la de beurre frais. L'animal doit être renfermé quelques jours et nourri de son mouillé.

2° DIARRHÉE. — Une trop grande quantité de nourriture humide engendre cette maladie. — *Remèdes :* Nourrissez les poules qui en sont attaquées avec des pois cuits, de l'orge ou du pain trempé dans du vin. Si la maladie persiste, faites-leur prendre une infusion de camomille dans du vin chaud.

3° CONSTIPATION. — Maladie occasionnée, en général, par une trop grande quantité de nourriture sèche et échauffante, comme l'avoine et le chènevis. Dans ce cas, la poule s'arrête souvent comme pour fienter. Faites-lui prendre alors une ou deux cuillerées d'huile d'olive ; si la maladie persiste, donnez-lui un peu de manne délayée dans de l'eau avec de la farine de seigle et un peu de laitue hachée bien menu.

4° **MALADIE DU CROUPION.** — *Causes :* Malpropreté et infection du poulailler. — *Symptômes :* Constipation, air triste, démarche lente, tête penchée, sommeil pénible, plumes hérissées, queue traînante; la poule ne gratte plus. On voit se former une tumeur autour du croupion. — *Remèdes :* Incisez la tumeur avec un couteau bien tranchant, pressez-la ensuite avec les doigts pour en faire sortir le pus, et lavez la plaie avec du vinaigre, de l'eau ou du vin salé. Soumettez l'animal convalescent à un régime rafraîchissant, en lui donnant du son d'orge ou du seigle bouilli et de la laitue.

5° **LA TOUX.** — Maladie fort dangereuse. La poule fait enendre une toux sourde; elle est haletante, étouffe sans cesse par l'accumulation, dans les voies respiratoires, d'un grand nombre de petits vers rouges. Employez les décoctions amères pour la débarrasser de ces vers.

6° **LA GOUTTE.** — Elle est causée par l'humidité. Tenir les poules dans un endroit sec et chaud pour la faire disparaitre. Cette maladie se reconnait à la raideur et au gonflement des jambes.

7° **LA ROUPIE.** — Elle se manifeste par un écoulement d'humeur par les narines. On voit la poule trembler, se plaindre; ses yeux sont éteints, et bientôt elle meurt. Comme cette maladie est contagieuse, ayez soin de séquestrer les poules qui en sont atteintes; donnez-leur une bonne nourriture et tenez-les dans un endroit chaud.

8° **PUSTULES.** — Le corps se couvre de petites pustules qui fon languir les volailles. Cette affection étant contagieuse, mettez à part la poule qui en est atteinte; faites-lui prendre de la laitue hachée, et de l'eau dans laquelle on a jeté des cendres de bois; puis frottez les pustules avec du beurre frais ou de la crême.

9° **LA VERMINE.** — Elle est engendré par la malpropreté; on peut la détruire par des lotions avec la décoction du cunin ou d'absinthe poivrée et l'eau de savon.

10° **LA MUE.** — Tous les oiseaux sont sujets à cette maladie périodique. On les voit alors tristes et mornes; leurs plumes sont hérissées, ils les secouent souvent pour les faire tomber, ou les tirent avec le bec. L'appétit cesse alors, et quelques-uns succombent. Tenez la volaille chaudement, faites-la rentrer de bonne heure et ne la laissez pas sortir trop matin à cause du froid et de l'humidité. Nourrissez-la de chènevis et de millet.

AVANTAGES DE CETTE INDUSTRIE

Pour commencer l'opération sur une petite échelle, il suffit d'acheter cinq poules et de les faire couver. Les quinze ou dix-huit œufs que chacune couvera donneront au moins dix à douze poussins. Au bout d'un mois, il faut retirer les poussins à leur mère et les mettre tous séparément dans les cages dont j'ai parlé. Après trois mois passés dans la cage et nourri comme je l'ai indiqué, chacun de ces poussins sera devenu un superbe poulet pouvant être vendu de 2 fr. 50 cent. à 3 fr. 50 cent.

Les cinq poules auront donc, dans l'espace de deux mois au plus, donné soixante petits poulets, qui, vendus après quatre mois de soins peu coûteux, donneront une somme de 150 fr. Comme chaque poule peut, en suivant mon régime, couver quatre fois par an, elles rapporteront donc à elles cinq 600 fr., desquels il faudra déduire les frais de nourriture.

Maintenant, pour démontrer l'avantage que peut offrir cette branche d'industrie exploitée en grand, je vais établir les frais qu'occasionneraient seulement cent poules, et les bénéfices qu'on en pourrait retirer. Après cette première donnée établie sur le chiffre cent, il sera facile de se rendre compte des résultats que produiraient deux, trois et quatre cents poules.

Frais de premier établissement.

Cent poules à 3 francs.	300
Cent nids à 50 cent.	50
Une marmite à cuire les pommes de terre..	5
Un baquet pour les pétrir..	5
Deux seaux de bois..	5
Vingt cages de quinze cases.	500
Un cheval.	300
Une voiture..	200
Frais divers..	800 fr.
TOTAL.	2,165

Ce capital est peu important ; il constitue 108 fr. 25 cent. de rente à 5 p. 100. Voyons, en continuant cet aperçu, quelle différence il y aura entre ce petit revenu et le résultat de notre essai.

Frais pour une année.

Loyer.	300
Une domestique de basse-cour, y compris sa nourriture.	400
Nourriture de cent poules couveuses, à 1 cent. par jour et par chaque tête.	365
Nourriture de mille poussins, à 1 cent. par jour pour l'année entière.	3,650
Une écurie.	100
Nourriture du cheval.	600
Feu pour l'établissement.	200
Intérêt du capital.	108
Une domestique pour vendre.	400
Impôts.	100
Frais imprévus.	600
TOTAL.	6,823 fr.

Remarquez bien que je compte la nourriture des poussins à raison de mille, attendu que sur les quatre mille qui seront à vendre chaque année, il n'y en aura jamais que le quart en cage, puisqu'on les vendra au fur et à mesure.

Vente des poussins.

Nous avons dit que la poule fera quatre couvées par an et qu'on lui donnera de quinze à dix-huit œufs. Tenant compte de tous les accidents qui peuvent arriver aux poussins, nous ne supposerons que dix poussins par poule et nous aurons :

1re COUVÉE. — Cent poules donnant chacune dix poussins, à 2 fr. 25.	2,250 fr.
2me COUVÉE. — *Idem*.	2,250
3me COUVÉE. — *Idem*.	2,250
4me COUVÉE. — *Idem*.	2,250
TOTAL.	9,000 fr.

Je ferai observer, en faveur de mes calculs :

1° Que chaque poule donnera plus de dix poussins ;

2° Que les poulets seront vendus souvent au-dessus du prix de 2 fr. 25 cent.; ils iront même à 3 fr.;

3° Que l'on pourrait faire des économies sur les deux domestiques et n'en avoir qu'une;

4° Que les frais imprévus, que j'ai portés à 600 fr., peuvent se réduire, attendu que les frais sont tous prévus dès à présent.

Récapitulation.

Prix des ventes opérées au plus bas prix.	9,000 fr.
Résumé des frais à leur maximum.	6,823
Bénéfice net à son minimnm.	2,177 fr.

Je ne crains pas de dire que le bénéfice, année commune, s'élèvera à 2,500 fr., attendu que j'ai estimé toutes les dépenses à leur maximun.

Il est donc bien clair que cette industrie offre de très-grands avantages, et qu'elle n'est en rien comparable à toutes celles où se jettent la plupart des négociants. Il est donc facile de se faire une position sans pour cela s'exposer à des chances de pertes. Que faut-il? Apporter seulement un capital de 2,165 fr. pour obtenir de 2,000 à 2,500 de revenu net par année.

Celui qui a quelques avances peut opérer tout de suite sur une grande échelle. Le pauvre peut s'y livrer sans pour cela abandonner son travail. Il lui suffit de débourser 15 fr. pour acheter les cinq premières poules, plus le prix des œufs et le montant de leur nourriture pendant six mois; car, même avant cette époque, la vente de la première couvée l'aura couvert d'une partie de ses premiers déboursés, et lui permettra d'acheter cinq autres poules avec leur nourriture pour six mois. Il est facile de calculer son bénéfice.

Notices curieuses sur l'exportation des œufs.

Je crois devoir donner quelques détails intéressants sur l'exportation, la consommation et le nombre d'œufs recueillis en France, détails que j'ai puisés dans le *Journal de la Société de statistique universelle.*

ÉTAT OFFICIEL DES ŒUFS EXPORTÉS DE FRANCE DEPUIS 1806 JUSQUES ET Y COMPRIS 1835

Années.	Poids.	Nombre d'œufs.	Droits perçus.
1806	466,873 kilog.	7,469,980	1,027
1810	182,928 —	2,926,460	402
1812	246,902 —	3,950,440	543
1814	134,706 —	2,155,300	296
1816	545,803 —	8,733,008	11,091
1818	1,255,048 —	20,080,640	27,608
1820	2,909,562 —	46,552,992	64,010
1822	3,494,841 —	55,917,456	76,887
1825	4,722,579 —	65,561,264	103,870
1827	4,783,856 —	76,541,696	105,229
1830	3,501,864 —	56,029,824	76,971
1833	4,583,410 —	73,334,560	109,101
1835	4,786,605 —	76,585,680	104,788

En 1835, sur 4,786,605 kilog. d'œufs, l'exportation a eu lieu, savoir : pour l'Angleterre, 4,755,695; la Belgique, 3,800; les États-Unis, 3,106; la Suisse, 2,685; l'Espagne, 2,175; et les 19,544 kilog. restants ont été adressés aux autres pays.

Je ne présenterai pas un tableau spécial du produit de l'exportation depuis 1806 jusqu'en 1835 ; je me bornerai seulement à dire qu'en 1831 il en a été vendu pour 3,239,431 fr.; en 1832, pour 3,618,622 fr.; en 1833, pour 3,666,728 fr.; en 1834, pour 3,912,185 fr.; en 1835, pour 3,829,284 fr.

D'après les états officiels, la consommation de Paris est en nombre général de 101,159,399 œufs. Ainsi je ne peux pas fonder un calcul exagéré en établissant pour la consommation les nombres suivants :

Pour Paris.	101,159,399 œufs.
Pour le surplus de la France.	7,130,000,000
Pour l'exportation (16 au kil.).	76,585,680
TOTAL GÉNÉRAL des œufs recueillis. . .	7,307,745,079 œufs.

Dans ces chiffres ne se trouvent point les œufs nécessaires à la reproduction, que nous évaluons à un centième en plus du nombre total.

FIN

ON TROUVE A LA MÊME LIBRAIRIE

L'ART D'ÉLEVER ET D'ATTRAPER LES OISEAUX DE VOLIÈRE qui chantent et qui parlent, par JULES JANNIN, avec 55 pl., fig. n., 5 fr. col. 7

L'ART DE DISTINGUER, D'ÉLEVER, DE MULTIPLIER ET D'ENGRAISser les différentes espèces et variétés de pigeons de colombier et de volière; par LIX LULLIN, avec 28 planches, fig. noires, 5 fr.; coloriées. . . . . 4 fr

TRAITÉ MÉTHODIQUE DE L'ÉDUCATION DES DIVERSES ESPÈCES de **LAPINS**, utiles et de fantaisie, avec 15 figures; par MILLET, amateur, et Gér éleveur à Grenelle (Paris). . . . . 1 fr

MANUEL DU JARDINIER FLEURISTE ET DE L'AMATEUR DE FLEUrs, contenant les principes généraux de culture mis à la portée de toutes les int gences, l'indication mois par mois des fleurs à semer et à planter, et les travau faire dans les jardins, la description des oignons et des plantes à fleurs d'un rite reconnu, des arbres et arbustes d'agrément, etc., avec figures; par J. L. CELAS, jardinier fleuriste. . . . . 1 fr

NOUVELLE MÉTHODE DE COMPTABILITÉ AGRICOLE, établie par classi tion et d'une pratique facile; par MICHEL DUPRAT, ancien agriculteur, profes de comptabilité agricole, in-18 jésus. . . . . 1 fr

L'ART DE DÉCOUVRIR LES SOURCES propres à donner naissance à des taines jaillissantes ou montantes de fond; ouvrage accompagné de planches tiées par PAUL TOURNIER, ingénieur civil. . . . . 1 fr

LA VRAIE MANIÈRE D'ÉLEVER, DE MULTIPLIER ET D'ENGRAISS LES LAPINS, à la ville et à la campagne. — Moyen sûr et facile de se faire un venu annuel de 2,000 fr. — Industrie à la portée de toutes les classes; par RAVAGEAUX, agronome à Tricot. 5e édition. . . . .

NOUVEL ART D'ÉLEVER ET DE MULTIPLIER LES PIGEONS DE COL BIER ET DE VOLIÈRE, à la ville et à la campagne. Moyen infaillible de se une rente annuelle de 2,000 fr. — Industrie à la portée du pauvre comme du ri par M. BOIS, agriculteur à Saint-Jean-d'Étreux (Bresse). 3e édition. . . . .

NOUVEL ART D'ÉLEVER, DE MULTIPLIER ET D'ENGRAISSER LES NARDS. Moyen de se faire un revenu annuel de 1,500 à 2,000 fr. — Industri crative; par F. ROUTILLET, fermier près du Mans. 3e éd., fig. noires, 50 c.; col.,

LA VRAIE MANIÈRE D'ÉLEVER, DE MULTIPLIER ET D'ENGRAIS LES OIES, à la ville et à la campagne. Moyen de se faire une rente annuel 2,400 fr. — Industrie avantageuse; par C. L. BENOIT, meunier à Châtillon. 2e é

L'ART D'ÉLEVER ET DE MULTIPLIER DES FAISANS, par A. VERGUET, faisandier de M. DE S..., fig. noires, 50 cent.; coloriées. . . . .

LA VÉRITABLE MANIÈRE D'ÉLEVER ET DE MULTIPLIER LES ABEIL Moyen de se faire un revenu annuel de 2,600 fr.; industrie à la portée du p comme du riche; par AUGUSTE LOMBARD, fermier à Prépavin. 2e édition. .

L'ART DE GOUVERNER LES VACHES LAITIÈRES; par VILLET, cultivateur

L'ART DE CHOISIR LES VACHES LAITIÈRES par la nouvelle méthode, trôlée par l'ancienne par VILLET, cultivateur. . . . .

L'ART D'ENGRAISSER LES BŒUFS, LES VACHES ET LES VEAUX; une méthode faisant connaître le poids brut et le poids net des animaux sur sans recourir à des pesées; par BAURIN, engraisseur. . . . .

L'ART D'ÉLEVER, DE MULTIPLIER ET D'ENGRAISSER LES PORCS économie de temps et de nourriture. Moyen de se faire un bénéfice de 3,5 chaque année; par CÉLESTIN BAILLY, fermier à Rozet-la-Laresse, figures. .

NOUVEL ART D'ÉLEVER, DE MULTIPLIER ET D'ENGRAISSER LES MOUTONS. Moyen de se faire un revenu annuel de 2,000 fr.; par JOSEPH MOREL.

L'ART D'ÉLEVER LES CHÈVRES ET DE LES FAIRE PRODUIRE, à la comme à la campagne, suivi de la *Fabrication du Fromage;* par un habita canton du Mont-Dore. . . . .

L'ART D'ÉLEVER LES SERINS CANARIS ET HOLLANDAIS; par JULES JANNIN, fig. noires, 50 cent.; coloriées. 7

PARIS. — IMP. SIMON RAÇON ET COMP., RUE D'ERFURTH 1.

www.ingramcontent.com/pod-product-compliance
Ingram Content Group UK Ltd.
Pitfield, Milton Keynes, MK11 3LW, UK
UKHW020512180726
13839UKWH00005B/2037